LETTRE

DU CHEVALIER

LOUIS CIBRARIO

Imprimerie et Stéréotypie de GIROUX et VIALAT, à Lagny.

LETTRE

DU CHEVALIER

LOUIS CIBRARIO

A SON EXCELLENCE LE CHEVALIER

CÉSAR DE SALUCES

SUR L'ARTILLERIE DU XIIIe AU VXIIIe SIÈCLE (TURIN, 1847.)

TRADUITE DE L'ITALIEN ET ANNOTÉE

PAR TERQUEM

Professeur de sciences appliquées aux Écoles d'Artillerie.

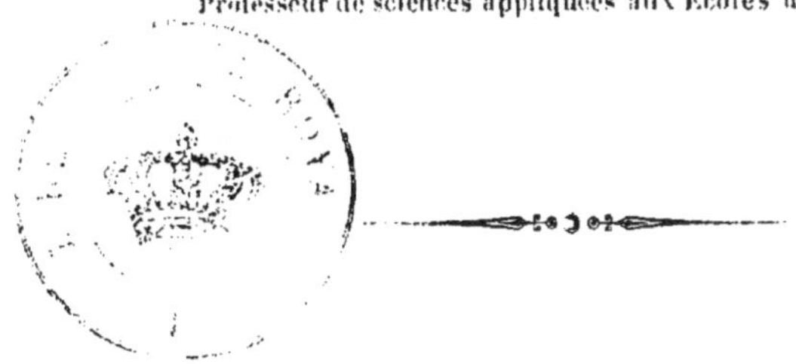

PARIS

J. CORRÉARD, ÉDITEUR D'OUVRAGES MILITAIRES,

RUE DE L'EST, 9.

1847.

LETTRE

DU CHEVALIER

LOUIS CIBRARIO

A SON EXCELLENCE LE CHEVALIER

CÉSAR DE SALUCES

Sur l'artillerie du XIIIe au XVIIe siècle. (Turin, 1847.)

Dans les documents du moyen-âge que j'ai étudiés avec tant de plaisir, j'ai trouvé des renseignements qui me paraissent jeter quelques lumières sur divers points relatifs à l'origine et à l'emploi de l'artillerie ; j'ai résolu d'en faire le sujet d'une courte lettre que j'ai l'honneur d'adresser à V. E , maître dans la matière, promoteur de semblables travaux ; au possesseur, et possesseur libéral, d'une remarquable bibliothèque militaire; c'est aussi comme acte de reconnaissance pour tant d'obligations.

J'ai été précédé dans la carrière par des hommes plus instruits que moi, et trois d'entre eux honorent la littérature piémontaise. Le peu que j'ai ajouté à leurs découvertes ne diminue pas la grandeur de leur mérite, n'augmente pas le mien ; mais il est du devoir de l'historien de publier tout ce qui peut faire revivre les temps passés : c'est la seule raison qui me fait espérer que V. E. voudra m'accorder une attention indulgente, lorsque en vue d'être plus clair, je serai obligé de joindre aux renseignements nouveaux des choses connues depuis longtemps.

Du mot artillerie en général.

L'emploi du feu, à la guerre, pour incendier les maisons et les machines, et détruire l'ennemi, est très ancien. Les engins qui lançaient des pierres et des carreaux, lançaient aussi des matières destructives qui devinrent plus terribles lorsqu'on commença à confectionner, en Orient, le feu grégeois. Vers le xiie siècle, on trouva l'art de fabriquer une poudre inflammable qui n'avait pas besoin d'être projetée pour parcourir l'espace, mais qui, en s'enflammant, s'élevait en l'air par sa force explosive intrinsèque, et emportait avec elle les corps légers qui la tenait renfermée : c'était déjà notre poudre de guerre ; elle n'était toutefois employée que comme cartouche volante, comme fusée, dans les feux de joie, sans qu'on pensât jusque vers la fin du xiiie siècle à se servir de sa force explosive pour lancer des flèches et des balles contre l'ennemi (1).

On sait comment au commencement du xive siècle, aux machines de jet, connues sous les noms de truies, trébuchets, marganons et briccoles, qui lançaient des pierres, des flèches, des boulets rouges, on substitua, ou du moins on ajouta, pour l'attaque et la défense des places, les bouches à feu qui finirent par mettre les premières hors d'usage.

Les premières bouches à feu, de moyenne grandeur, étaient placées sur des blocs ou tronçons de bois.

---

(1) Voir les deux mémoires sur l'origine et les premiers progrès de l'artillerie de l'illustre Car. Venturi, le premier qui ait ouvert la voie, par une critique sure, à de telles études en Italie.

L'art se perfectionnant, les dimensions allèrent en augmentant et en diminuant. Ainsi, pendant que d'un côté on avait des pièces calibrées à 120 et à 250 livres de balles, on construisait d'un autre côté de petits tubes à main pour accompagner et même remplacer la baliste, la principale des armes portatives de jet. Tels étaient les progrès que l'art de la guerre avait déjà faits au commencement du xve siècle. Dans le xiiie siècle, les machines de guerre étaient déjà désignées sous le nom générique d'*artillerie*; pendant le siècle suivant, l'usage des bouches à feu se propageant, on vit aussi se répandre le nom d'*artillerie* ou plutôt *attillierie*, car c'est ainsi qu'on trouve ce nom dans les anciens registres et documents; ce mot a pour racine *arte*, comme en français le mot *atelier*, et en italien les mots *attillatura* et *attilato*, dérivé du verbe *attilare* qui, d'après une anomalie assez fréquente, n'a pas acquis droit de cité. Toutefois, le mot artillerie, ou *artillierie*, a été pris dans une acception plus large, et désigne tous les armements, ou, pour parler le langage moderne, tout le matériel de la guerre. Ainsi, dans les comptes du xve siècle, on trouve sous cette dénomination non-seulement les balistes et les trabbocchi, mais aussi les instruments en bois pour les tendre (1), les pioches, les pieds de chèvre, les cuirasses, les écus, les pavois. On trouve aussi le mot artillerie pris dans le sens générique de *approvisionnements* (2), et dans le sens d'*attirails*, dans ce passage où l'on parle des dépenses faites pour conduire à *Rivarolo* les bombardes et les appartenants artilleriques des mêmes bombar-

(1) Pro reparari faciendo attilierias fusteas domini ad tendendum ingenia et colliardos domini. Comptes de Pierre Masoer, maître d'artillerie du duc de Savoie, 1426.

(2) Una cum artilleriis seu garnisionibus equorum. Comptes de Nicod de Villette, maître de l'artillerie du comte de Baugé, 1468.

des (1). Nous concluons qu'il faut améliorer dans nos dictionnaires, l'explication du mot *artillerie*.

Artillerie dans le XIVe siècle.

L'artillerie fut d'abord appliquée à l'attaque et ensuite à la défense des places, et plus tard, rendue plus légère, amenée sur le champ de bataille.

Les premières pièces mentionnées dans l'histoire ou dans les documents contemporains sont : les *espingards*, les *bombardes*, les *canons*, les *escopettes*.

La bombarde n'était probablement pas la première machine destinée, au nouvel instrument de destruction, à la poudre; car, on commence par les choses simples et faciles, et la bombarde était composée de deux parties inégales, pas faciles à raccorder et à tirer. Cependant, nous en parlerons en premier parce qu'elle fut la plus considérable des bouches à feu, et passa pendant longtemps pour la pièce la plus importante, et, pendant trois siècles, donna son nom aux soldats d'artillerie.

J'aurai peu à ajouter à ce que M. le chevalier Venturi et le professeur Promis ont écrit sur les bombardes, si amplement et si savamment (2). Le dernier a rapporté les plus anciennes descriptions que nous en ayons; elle est de *Redusio*, en 1376. Elle ne paraît pas différer de celle si détaillée, que donne dans le milieu du siècle suivant, Barthélemy Facio, dont nous donnons ici le texte.

---

(1) Et plures attilerias ipsarum bombardarum. C'étaient les blocs sur lesquels on les plaçait, les rails de fer sur quoi on les y attachait, les cuillères à longs manches pour les charger : ce sont là les attilleries dont entend parler maître Pierre Masoer, déjà cité.

(2) Venturi. Origine e primi progressi delle artigliere. — Appendice à ce

« Parmi ces machines, les unes sont en bronze, les autres sont en fer ; les premières sont les meilleures et les plus utiles. La bombarde est formée de deux tubes presque égaux en longueur, sinon que le tube antérieur est plus large. On les fond ensemble ou séparément ; dans ce dernier cas, on fait entrer avec tant de précision le petit tube dans le plus large, qu'au point de jonction, la moindre vapeur ne puisse s'échapper. Ensuite, on dispose la machine sur un gros tronc de chêne creux qu'on nomme *ceppo* (l'affût). La force qui jette la pierre avec tant d'impétuosité dérive de la poudre qui se fait avec du soufre, du nitre et du charbon de saule. On verse cette poudre dans le plus petit tube, on la refoule, et l'on bouche l'endroit où il se joint à l'autre tube, avec un tampon de saule. Ensuite, on place dans le grand tube une pierre ronde adaptée à sa capacité. Finalement, on met le feu à la poudre par un trou pratiqué dans le plus petit tube (1). »

De ces deux parties de la machine, l'antérieure s'appelait proprement bombarde ou trombe, et était ordinairement de forme plus ou moins conique ; et la dernière se désignait sous le nom générique de canon, et plus tard sous celui de mâle (mascolo) (2).

Il y avait aussi, quoique rarement, des bombardes d'une seule pièce.

Dans l'inventaire de l'artillerie du roi de France, de 1463, on

---

mémoire. — Omodei. Dell' origine della polvere da guerra. — Promis (Carlo). Dello stato dell' artiglieria circa l'anno. 1500.

(1) Bartholomei Facii de Rebus gestis ab Alphonsa Neapol. Rege Lugd. Gryph. 1562, fol. 148. C'est un historien panégyriste. On trouve de maigres détails dans les ouvrages de Giovio : Elogia doctor. Virorum 197; Folietta, clarorum figurum elogia; Soprani Scrittori della Liguria, p. 49.

(2) M. Promis indique encore d'autres noms, voir comptes de Pierre Masoer, maître d'artillerie du duc de Savoie en 1123. Quelques écrivains du XIIIe et du XIVe siècle désignent la bombarde sous le nom générique de *vases*, d'après la forme mais qui était aussi conique à l'extérieur.

mentionne la *bombarde nommée Saint-Paul, de fer, d'une seule pièce.* Cet inventaire est inséré dans les *Etudes sur le passé et l'avenir de l'Artillerie* (t. I, p. 374); savant ouvrage par lequel le prince Napoléon-Louis Bonaparte a rendu les loisirs du château de Ham moins pénibles pour lui, et utiles au monde; ouvrage, à en juger d'après le premier volume, le mieux conçu, le plus complet qu'on ait publié sur l'artillerie.

Il y avait des bombardes de toutes dimensions; quelques-unes lançaient des pierres pesant plusieurs centaines et même des milliers de livres. En 1441, il y avait au château de Nice 25 boulets de pierre de 136 livres chacun, qui ne pouvaient convenir qu'à des bombardes; et toutefois, deux années auparavant, le duc de Savoie ayant acheté pour son château de Chambéry, deux bombardes du poids de 28 livres, les nomma *grosses bombardes*, peut-être pour les distinguer des *bombardelles*, peut-être aussi que ce n'étaient pas de vraies bombardes; car, assez souvent ce mot se prenait comme nom générique des bouches à feu (1); les deux bombardes de ci-dessus avait chacune *deux chambres* (2), ce qui doit s'entendre du *mâle* qui contient la charge; il me semble qu'il veut dire que chaque bombarde avait un *mâle* de rechange. En effet, dans les registres de la Bastille de Paris, en 1428, on inscrit encore les *chambres*; ce sont les *mâles* séparés, XIII, *chambres à vulgaires* (3). C'est pourquoi j'ai peine à

---

(1) La prétendue bombarde de l'arsenal d'Erfurt, dont Venturi a donné le dessin, n'est qu'une arquebuse de cavalerie; même selon les temps et les lieux, on donnait le nom de bombarde ou de bombardelle à des arquebuses de main, à des escopettes et même à des pistolets.

(2) Comptes de N. Lyobard, trésorier-général de Savoie, 1443.

(3) Bonaparte. Études sur le passé et l'avenir de l'artillerie, p. 366. Dans l'inventaire de 1463 (p. 374), on lit : *deux petits canons de fer et leurs chambres.*

croire à l'existence de certaines bombardes, en 1454, telles que les décrit Lampo Birago (cité par Promis), en ces termes :

« On fait aussi certaines bombardes dont la charge est divisée en plusieurs boulets séparés et renfermés dans de petites boîtes, placées dans l'âme de la bombarde, avec un tel art, qu'à chaque coup on peut lancer tant de boulets qu'on veut. » Je dis qu'il est difficile de croire qu'il s'agit de bombardes construites avec une singularité qui ne présente pas de grands avantages, et ne pouvait être d'un usage commun ; tandis que dans les inventaires de l'artillerie du xve siècle, il est souvent question de *canons* et de *vulgaires*, avec une ou plusieurs chambres ; ce qui signifie toujours que les pièces se chargeaient par la culasse. La partie antérieure de la bombarde, c'est-à-dire la bombarde proprement dite, a donné naissance aux mortiers, ainsi qu'il résulte d'un passage de Santini, cité par Venturi.

La même bombarde pouvait, avec quelques modifications dans sa forme, en élevant la volée tirer des feux courbes. Par là, elle pouvait suppléer au mortier, dont l'usage ne paraît pas antérieur au xve siècle (1).

Les bombardes furent d'abord placées sur des pièces de bois auxquelles elles étaient attachées par des cercles de fer ou par des cerceaux. Cet usage a encore continué longtemps, bien qu'à la fin du xive siècle on trouve mentionnées, à Bologne, des voitures de bombardes avec des roues (2).

Pour fondre les bombardes, on préparait un fourneau avec un moule en argile, où l'on faisait entrer de la filasse, de la bourre,

(1) Moretti donne encore aux mortiers le nom de Trabocchi, nous le trouvons ainsi usité en France.

(2) Duos carittos a bombardis cum rotis. Inventaire de 1381. Études sur l'avenir, etc., t. 1, page 368.

des morceaux d'étoffe, pour le rendre plus résistant; ainsi se faisait l'âme, autour de laquelle on plaçait, en guise de douves de tonneau, plusieurs plaques de fer battu. Ces plaques, destinées à former la chemise, le sac pour ainsi dire ou le vêtement intérieur de la bouche à feu, s'enduisaient de suif afin que le métal fondu pût plus facilement faire corps avec elles. C'est ainsi qu'on procéda, en 1443, à Bourg en Bresse. Le 25 septembre de cette année, on coula ou plutôt on répara, avec une grande quantité de métal, une bombarde appelée *Grandinette*. Le poids total en bronze se montait à 39 quintaux 88 livres $\frac{1}{2}$. Le maître fondeur fit couler le métal liquide par six bouches en laissant naturellement les évents nécessaires. Il s'appelait Jean-Gilles de Mâcon. L'opération terminée, on enlevait les bavures, on nettoyait l'âme, on polissait l'extérieur, et l'on donnait le fini à la forme. C'était là à-peu-près la méthode usitée pour fondre toutes les bouches à feu. Et, quand cette opération se faisait dans de petites villes et qu'il n'y avait là aucun ouvrier qui pût travailler en cette partie, on prenait alors tous les soufflets qui s'y trouvaient, et on les portait au maître bombardier (1). Quelques auteurs, et parmi lesquels Gentilini, pensent que les premières bombardes étaient ainsi formées avec des douves de fer battu et réunies ensemble par des cercles de fer; mais, que depuis voyant la difficulté de de les mettre ainsi bien ensemble pour qu'elles puissent résister à l'explosion sans se disjoindre, on y a joint plus tard le revêtement extérieur de fer ou de bronze fondu. Voici les paroles de cet auteur : « Ils formèrent des pièces avec quelques lames de fer un peu longues, comme ont coutume de faire les tonneliers en mettant les douves les unes auprès des autres pour former les

---

(1) Comptes de Jean Maréchal, trésorier-général.

tonneaux de vin ; mais les susdites lames étaient droites, toutes de même largeur et de même longueur, mais plus grosses à une extrémité qu'à l'autre, où l'on pratiquait la lumière, et elles étaient retenues ensemble par quelques cercles de fer (1). »

L'opinion de cet auteur est confirmée par la bombarde de fer battu dont l'*Archéologie britannique* (vol. x, 472) a donné le dessin reproduit par Venturi ; à quoi on peut joindre la notice donnée par M. Massé, d'une ancienne bombarde de fer battu, consolidée par trente cercle de fer, et conservée dans l'arsenal de Bâle (2). Et encore cette autre bombarde que le même auteur appelle improprement canon, et dont il donne le dessin, était composée de dix douves de fer forgé, liées ensemble par six cercles de même métal ; elle se trouve dans l'arsenal de Morat.

Mais il faut seulement remarquer que les douves allaient en s'élargissant vers la bouche, comme l'exigeait la figure conique qu'avait la bombarde. C'est cette figure qui a fait donner aux premières pièces, toujours en Allemagne et quelquefois en Italie, l'appellation de *vases*.

Plus tard, la trombe fut alongée, et la forme conique alla toujours en s'approchant de la forme cylindrique ; mais je ne crois pas, qu'elles furent jamais confondues et que ce soit en cela que consiste la différence essentielle entre la bombarde et le canon. Mais par ce que cette forme était seulement restée à l'âme, et ne paraissait pas à l'extérieur, surtout quand le mâle conservait au dehors la même dimension que la trombe, les écrivains ont souvent confondu les bombardes avec les canons, et ceux-ci avec les bombardes. Dans un ouvrage manuscrit orné de plusieurs belles

---

(1) Istruzione dei bombardieri.

(2) Massé, aperçu historique sur l'origine et le développement de l'artillerie en Suisse.

estampes en cuivre, ayant la date de 1787, et qui se trouve dans la bibliothèque de Votre Excellence, sous le titre *Artigliera veneta* (fig. E). Gasperoni donne le dessin d'une longue bombarde ancienne conservée à l'arsenal de Venise. Deux bombardes de la seconde époque, et par conséquent non antérieures à la fin du xve siècle, se conservent au musée d'artillerie de cet arsenal. Ce sont les mêmes que Votre Excellence a trouvées, il y a plusieurs années, dans le château de Santa-Vittoria, et a fait porter à Turin. Je puis y joindre la gravure d'après le dessin exact que, par l'obligeance du général Morelli, commandant du corps royal de l'artillerie, je dois au capitaine Gardetti. Ces bombardes sont de fer fondu, avec une âme de forme conique, composée de douze bandes de fer forgé, placées dans le sens longitudinal.

Il manque à l'une et à l'autre bombarde, le canon ou le mâle; mais le même Gasperoni a donné la figure de deux mâles antiques, conservés dans l'arsenal de Venise (*Artigliera veneta*, tar. 1, figg. FF).

Les forts du district de Pise avaient, en 1369, des bombardes ou peut-être d'autres pièces; de sorte qu'il en résulte que les bouches à feu était aussi d'un usage commun en Toscane (1).

En 1377, on confectionna à Lanzo une bombarde (2).

Dans le mois d'août 1384, Amédée VII avait dans son armée, au siége de Lyon, un certain Jean, maître des bombardes. Trois années après, le même prince convint avec Hémon (Aimone) Kaipf de Schlacle, maître des bombardes, pour l'acquisition de pièces d'artillerie, *tant comme monseigneur haura mestier*, pour le prix de dix francs le quintal en poids de Genève (184,70).

La même année, Mosse Marquo de Lamarque, Anne et Pietro

(1) Bonaini, nota al Roncioni. Archivio storico, 905.
(2) Comptes de la châtellenie de Lanzo.

Gondinet, remplirent auprès du comte l'office de maîtres de bombardes.

L'année suivante, Bonne de Bourbon, mère d'Amédée VII, fit venir en Piémont deux autres maîtres de bombardes, Simonet de Salins et Colin de Corbeil (1).

Dans la même année, le sire de Coucy, lieutenant du duc d'Orléans, qui possédait à cette époque la principauté d'Asti, se porta avec ses troupes et celles du prince d'Acaja dans la rivière du Ponent, contre les Génois qui assiégeaient Savone. Henri Marcoardo de Moncalieri fut tué par un boulet de bombarde près de Lingueglia (2).

On ne manqua pas alors ni depuis de bombardes de plus petite dimension, appelées *bombardelles;* mais souvent dites aussi simplement *bombardes*, ou confondues dans la dénomination générale de *canons*. Les pièces de Bologne, de 1381, qui se chargeaient avec des pierres d'une livre et d'une demi-livre; et la bombarde d'escarmouche (IX bombarde a Scaramazando), et les deux bombardes attelées, mentionnées dans l'inventaire de 1397 (3); celles qui sont figurées dans le célèbre manuscrit de Santini, et qui sont reproduites dans l'ouvrage du prince Bonaparte, seconde planche (p. 38, fig. 3 et 5), sont toutes des bombardelles. Sur la même planche est une bombarde, fig. 6, dont le prince ne dit pas le nom. Les figures 2 et 4 paraissent être des canons en guise de bombardes ou des bombardes d'une seule pièce; la dernière est désignée sous le nom d'*ambulante*, dans le manuscrit de Cerbottana, parce qu'elle était montée sur un véhicule à roues. Dans l'enfance de l'art du fondeur, il était utile

(1) Comptes du trésorier-général de Savoie.
(2) Comptes de Enricta Manoerii
(3) Bonaparte, op. cit. 358.

de former les bouches à feu en deux ou plusieurs pièces. Toutefois, dès le principe, on se servit aussi de bouches à feu d'une seule pièce, et qu'on appelait *canons*, *espingards* ou escopettes (schioppi); elles devaient être à-peu-près la même chose ou au surplus d'une même espèce.

Les *canons* sont mentionnés dans le document de 1326, tiré des archives des *réformés* de Florence et publié par Gaye, et cités avant lui par Lami et Riccobaldi de Bava (1); on y lit que les *prieurs* de l'art et le gonfalonier de justice publient des arrêts désignant deux maîtres pour faire ou faire faire des boulets de fer et des *canons* pour s'en servir dans la défense de la cité et des châteaux contre les ennemis de la commune (2). En 1339, le sire de Cardaillac fabriqua lui-même les dix canons nécessaires à la défense de Cambrai; et, sept années après, le conseil communal de Bruxelles fait fabriquer par Pierre de Bruges un canon carré (quadrato) de deux livres de calibre; dans l'épreuve qui eut lieu au mois de septembre de cette année, le boulet de plomb traversa les murs de la ville, et tua un homme qui se trouvait dans le couvent de Saint-Brice (3); mais le vocable *canon* est encore très générique.

Le canon que l'on conserve ici dans le musée d'artillerie me paraît appartenir au siècle dont nous parlons; ce canon vient de Gênes où on le conservait avec amour comme trophée d'une victoire remportée sur les Vénitiens. J'en donne le dessin. L'âme est formée d'un tube de laiton, écroué sur toute la longueur; l'extérieur est composé d'un bois tendre tourné au tour, et de

---

(1) Odeporicon, part. II. p. 587. Dissertatione istorico-etrusca. p. 110. Je dois cette notice, qui revendique pour l'Italie, la découverte d'un si important document, à l'obligeance de mon savant ami le professeur H. Bonaini.

(2) Carteggio d'artisti. vol. II. Prefazione

(3) Lacabane. Mémoire sur la poudre à canon.

listels de diverses grandeurs. Les liens qui consolident probablement tout le tube, se voient à travers la forme de la bouche *ii*, les intervalles, d'un listel à l'autre, sont remplis avec du plâtre. Le tout est recouvert de cuir, cloué avec des pointes.

Ce n'est pas le seul exemple de canons de cette espèce. Gasperoni donne déjà la gravure d'un ancien canon de cuir entouré de cordes; et celle de deux anciens mortiers de cuir, cerclé de fer et conservé dans l'arsenal de Venise (fig. GGG).

Le nom d'*espingard* est ancien dans l'histoire d'Italie. En 1334, l'armée de Renaud d'Este avait des *escopettes* et des *espingards*. On en peut voir plusieurs autres mentions dans la savante dissertation de Omcidi (1) et dans l'ouvrage de Promis. Le nom et l'usage de l'espingard s'est conservé jusqu'à nos jours, et cette arme est aujourd'hui ce qu'elle était vraisemblablement alors, le calibre excepté, une pièce de position, d'une livre de boulet.

Enfin les escopettes sont mentionnées par un auteur contemporain, en 1331 (2). Sur la fin de 1346, et au commencement de l'année suivante, le maître Ugolin de Châtillon, dans la vallée d'Aoste, a fabriqué pour le château de Lanzo, quatre escopettes de bronze (3), chacune du poids d'environ soixante livres; d'où

---

(1) V. Omodei. Origine della polvere da guerra.

(2) Rer. It. folio. xv, 396.

(3) M. Brunet avance donc erronément que le bronze a été employé pour les pièces d'artillerie en 1370 (*Hist. gén. de l'Artill.*, I, p. 120). Cet ouvrage, précieux sous d'autres rapports, manque d'érudition et de critique en ce qui concerne l'histoire des premières bouches à feu; on ne peut admettre ce qu'il dit de l'usage des bombardes dans le XIIIe siècle, ni des balistes changées en bombardes, ni des vibaudequins pris pour des arbalètes de gros calibre. Lorsque l'amour d'un latin plus pur, se réveilla dans le XVe siècle, quelques écrivains, pour ne pas souiller leur style du mot barbare, bombarde, le traduisirent par baliste; mais il n'en résulte pas que bombarde avait quelque chose de commun avec la baliste et que celle-ci s'appelait bombarde.

l'on voit que c'était de petits canons. En effet, ils devinrent *affûtés*, comme on s'exprimait alors, c'est-à-dire, adapté à une pièce de bois, et on le pourvoyait de carreaux entourés de fer et de boulets de plomb ; parce que les canons tiraient les uns et les autres projectiles (1). Et j'en tire la preuve que l'espingard qui tirait, en 1358, des carreaux au siége de Saint-Valery ne différait pas de l'escopette dont il est question. Le mot de carreaux dont se sert Froissart ne suffit pas pour faire soupçonner qu'il s'agit ici des anciennes arbalètes en corne qui avaient tel nom.

Une des escopettes fabriquée par un bombardier, fut employée en 1356, par le comte Verde (Amédée VI), contre le prince d'Acqui, dans le siége de Balanger, simultanément avec des trabocchi et des truies et autres engins de la balistique du moyen-âge. On ne peut donc soutenir l'opinion de Grassi qui affirme que l'usage du trabuque a cessé lorsque l'usage des armes à feu s'est propagé ; les documents déposent continuellement du contraire, et nous savons qu'un trabuque, construit à Bâle, en 1426, fut employé vingt années après au siége de Rhinfeld, et était encore conservé, dans ces derniers temps, dans l'arsenal de Bâle (2).

Dans l'arsenal de Bologne, il y avait en 1397, quatre petites escopettes *montées*, ce qui veut dire placées dans un parapet de bois ; vingt-quatre escopettes avec affûts ; une petite escopette à chevalet ; un canon en forme de bombarde, ce qui signifie un canon de forme conique ou bien une bombarde d'une seule pièce ; un chassis avec deux canons ; toutes ces escopettes étaient des armes de position et non à main. Mais le même inventaire fait

(1) V. mon mémoire intitulé : Dell'uso e della qualità degli Schoppi. nel 1347.

(2) Massé. Aperçu historique.

mention aussi d'escopettes à main, quoique en très petit nombre; ainsi il parle de huit escopettes en fer, dont trois à main (de quibus sunt tres à manibus) (1); mais les armes à feu portatives n'étaient pas aussi rares partout. Si nous ajoutons foi au récit de Pompée Pellini, la ville de Perouse avait fait construire, en 1364, cinq cents escopettes à main; et en 1381, la ville d'Augsbourg avait trente hommes armés de petits canons portatifs; d'autres mentions de bombardes, d'escopettes et de canons portatifs, se trouvent chez Froissard et quelques autres écrivains (2).

Comme je n'ai pas trouvé le nom d'espingard, dans les documents de la monarchie savoisienne du xve siècle, mais bien celui de canon et d'escopette, cela me confirme dans la pensée qu'ils différaient peu, et qu'il faut comprendre les espingards, sinon parmi les escopettes, mais au moins sous le nom plus générique de canons. Je fais cette exception pour escopettes, parce que je n'ignore pas que dans la chronique d'Este, en 1334, on distingue les escopettes et les espingards (sclopetorum et spingardarum). Il reste à voir si l'*escopette* est prise pour *ischioppo* ou petit canon, ou s'il s'agit d'une arme à main, d'une escopette *ad manus* comme celle dont nous avons parlé ci-dessus; je penche à le croire. Un fait dont il est convenable d'avertir est que le nom d'escopette (schioppo) est particulier à l'Italie, et qu'au-delà des Alpes, on appelait du nom générique *canon*, tantôt les vrais canons, et tantôt les petits canons à main; en toute occasion, chaque petite variété dans le calibre, dans la longueur, dans le projectile usité, dans la forme, dans les autres moulures, suffisait pour rendre raison de la différence des noms, surtout dans la bouche et sous la plume d'écrivains étrangers à l'art militaire.

---

(1) Bonaparte. I. 358.
(2) Bonaparte, p. 44.

Il paraît que l'usage des armes à feu s'est propagé tard au-delà des monts. En effet, on n'en trouve pas la moindre mention au célèbre siége de Gex, en 1353, où le comte Verde intervint en personne (1).

C'est seulement en 1378, qu'on trouve dans les comptes du trésorier-général mention de canons, de salpêtre et de soufre. Mais on a peine à croire que l'artillerie n'ait pas été employée dès les premiers temps au moins à la défense des places.

Artillerie du XVe siècle.

Dans le xve siècle, la variété et les noms des bouches à feu se multiplièrent démesurément selon le caprice des princes et des maîtres bombardiers.

Il y avait de grosses bombardes, des bombardes à chambre, des bombardelles, des bombardelles de cavalerie, des couleuvrines, des couleuvrines à main, des canons, des *cortalde*, *cortali* ou *cortane*, des passevolants, des sacres, des faucons, des fauconneaux, des aspics, des serpentines, des *vulgaires* ou *terrabus*, des espingards, des orgues, des mortiers, des grenades et plusieurs autres dont on peut voir la nomenclature dans le mémoire cité de Promis. Parlons-en succinctement.

Les bombardes augmentèrent en dimension ; devenues gigantesques, elles lançaient avec un bruit épouvantable, d'énormes

(1) Comptes de la châtellerie de Lanzo. — Comptes du siége de Gex, par Nicod François.

On me pardonnera de citer avec complaisance parmi les hommes d'armes qui combattirent sous les enseignes de ce grand prince et grand capitaine, Giovanni et Giovanetto Cibrario, d'Ussel ; qui accompagnèrent dans cette entreprise Aymon de Challant, sire de Fenis, qui gouvernait les vallées de Lanzo.

boulets de pierre, à une distance de deux milles, mais qui frappaient rarement (1). Leurs poids, leur masse en rendaient le transport lent et pénible, il fallait une machine pour les charger sur la voiture, et les décharger (2). Quelques villes n'avaient pas des rues assez larges pour donner passage à la grosse bombarde et telle était la *Signora Amedea*, employée par le duc de Savoie, en 1426, au siége de Verceil.

Les maîtres bombardiers se faisaient appeler du nom des plus grandes pièces qu'ils avaient construites ; ces maîtres n'étaient pas seulement habiles à faire les pièces mais aussi à les tirer. Les deux arts n'étaient pas distincts, et au fait, ils avaient des appointements assez considérables pour le temps, jusqu'à 20 florins d'or par mois de trente jours (3).

Parmi les maîtres bombardiers qui étaient au service du duc de Savoie, dans les guerres de Verceil, maître Freilin de Chieri jouissait d'une grande réputation ; les pièces qu'il fabriquait étaient d'une bonté et d'une perfection rares, et toujours en nommant les pièces, il s'en désignait l'auteur. On mena à cette entreprise quatre bombardelles et un long canon de bronze, tous de Freilin (4). Il est à remarquer que les pièces de ce maître n'étaient pas comme les autres attachées à l'affût par des cercles de fer ; *quæ cepate fuerunt et non ferrate*. Elles étaient probablement consolidées par d'autres moyens. Il était encore au service du duc de Savoie, en 1443 (5) ; mais dix années après, nous le trouvons

(1) Comme celle du roi Alphonse : nommée la *générale*. V. Faccio.

(2) Cette machine, pro onerando et exonerando bombardas et canones, se nommait *faucon*. Comptes de l'artillerie de Pierre Masoer, 1426-27.

(3) A-peu-près 290 francs (livre) de notre monnaie.

(4) Item quatuor bombardellas, Freilini de Querio. — Item longum canonum ejusdem Feylini (sic) de bronzio cum fusta. Comptes de Masoer.

(5) In factura et reparatione bombardellarum et aliarum attilieriarum

à la solde de François Sforce, duc de Milan. L'historien Simonetta qui l'appelle Ferlin piémontais, en parle comme d'un très habile artiste de grande réputation (1). On faisait encore des bombardes de moyenne et de petite dimension. Les dernières se nommaient *bombardelles.*

Les bombardelles étaient foncièrement de petits canons en bronze ou en fer, avec des tubes de deux à trois pieds de longueur; il y en avait aussi d'une seule pièce, soit en métal, soit en fer, et de diverses grandeurs. Les unes tiraient des boulets de 9 livres, d'autres de 6, 5, 4, 3 et 2 ½ livres. Dans le château de Nice, on trouvait, en 1441, toutes ces diverses pièces; savoir: une bombardelle de bronze qui pesait six rubbios, portait un boulet de six livres.

Une bombardelle de bronze, du poids de trois rubbios, appartenant au sieur Nicod de Menthon, jetait des boulets de trois livres; une bombardelle de bronze, à deux tubes, du poids de 6 rubbios, lançaient des boulets de deux livres (2).

Une bombardelle de métal, du poids de trois rubbios et sept livres, jetait des balles de deux livres et demie. Les bombardelles étaient des pièces à tubes courts. Je trouve que les canons dont elles étaient formées n'avaient pas plus d'une palme de longueur (3), d'où, en

---

per magistrum Freilinus et Joannem Marescalci jam incohatis. — Comptes de Christophe Boniface, trésorier-général de Savoie.

(1) Trinas in aggerem, vallumque bombardas Ferlini pedemontani, artificis peritissimi, et fama clari opera usus disponit. Sinmonetæ. Rer. gest, Fr. Sfortiæ, Rer. Italic. XXI. 655.

(2) Unam bombardellam metalli cum duobus canonis inceponatam, et bene munitam bonam et pulchram locatam super cavalletis, ponderis rub. VI, trahentem lapidem de duobus libris. Inventaire de l'artillerie du château de Nice. Archives de la cour.

(3) Quatuor canones bombardellorum metalli, medii pedis et trium digitarum longitudinis, sive palmi unius.

joignant plusieurs ensemble, elles restaient encore assez petites. Ces pièces, par leur peu de longueur, étaient propres à la défense des *flancs*, et spécialement dans les galères, comme d'abord les espingards, et ensuite l'aspic; et lorsque celui-ci était d'une pièce, la bombardelle n'en différait que de nom, et peut-être par la forme conique de l'âme. Les bombardelles ainsi que les canons servaient également à armer les *ribaudequins;* c'étaient des voitures de forme triangulaires, ferrées et armées de pointes; elles étaient protégées par un parapet mobile, en bois, nommé *mantelet;* on s'en servait dans les combats. En voici la description, donnée par un auteur contemporain, d'après un manuscrit de la Bibliothèque Royale de Paris, cité par M. Favé (1).

« Car tout estoient-ils sur roes un homme dedans, si comme
« en un petit chastel qui tout estoit de fer, et troioit de canon ou
« d'arbalestres et avoit à chacun costé un archier et fers agus
« par devant comme lances, et à force de gens ou de chevaux
« les fesoient plusieurs d'un front aller heurter en l'assemblée
« des ennemis. »

Un gros ribaudequin, envoyé de Savoie, au château d'Ivrée, était garni de quatre canons et deux bombardelles; mais plus communément ces véhicules n'avaient que deux bandes de fer.

Les charriots à trois fonds, portant chacun de petites pièces d'artillerie, et dont les Scaliger se sont servis, en 1387, dans leurs guerres contre le seigneur de Carare, étaient une variété de ribaudequins.

Il y avait aussi des bombardelles qu'on tirait à cheval, espèce de pistolet (bombardelle à trayre à cheval). Il en est fait mention dans un manuscrit de 1431 (Turin), et appartenait à Aimé, prince de Piémont, mort jeune, et lorsqu'il commençait à donner de la

(1) Histoire tactique des trois armes, p. 19.

célébrité aux couleurs blanche et rouge, et aux devises rose et violette qu'il avait adoptées.

La manière de désigner les bombardelles trouvées dans les approvisionnements et dans les arsenaux des princes de Piémont, montre encore que c'étaient des pistolets. On ne dit pas *quatre bombardelles mais deux payres de bombardelles; deux payres de bombardelles á trayre á cheval*. Or, dans les armes à feu, les pistolets seuls se comptent par paires (1).

Dans l'ouvrage de Santini (qui écrivait vers 1400) on voit une figure d'un cavalier (reproduite par Venturi), armé d'une escopette (eques sclopetarius), avec une fourchette qui tient par un anneau à la cuirasse ; il manie une lance courte, dont une extrémité s'appuie contre la poitrine, et l'autre entre dans le mâle d'une bombardelle longue comme la main. C'est l'origine de la *pistole*, qui s'appelle précisément, en vieux langage français, *pétrinal*, comme qui dirait *poitrinal*, parce qu'elle s'appuyait contre la poitrine (2) ; et il n'y avait qu'un pas à faire pour monter les bombardelles sur bois, puisque les artilleurs trouvaient dans les anciennes arbalètes plusieurs exemples de montures commodes, et pouvant, avec quelques légères modifications, s'adapter aux armes à feu. Les bombardelles à main en cuivre employées au siége de Bonifacio en Corse, étaient des bombardelles réduites à la proportion de pistolet ou d'escopète.

Dans ce siècle, il est souvent question de *canons*, nom générique donné souvent à des bouches à feu qui avaient des noms particuliers; mais toutefois les vrais canons étaient de calibre très varié ; de 120 livres de boulets jusqu'à 12 livres et encore moins.

---

(1) Inventaire des attirails du château de Turin. Archives de la Chancellerie.

(2) Carré, Panoplie.

Berne, qui, ainsi que les autres villes suisses, se fournissaient, au commencement de ce siècle, de grosses bouches à feu à Nuremberg, commença, quelques années après, à fondre de petites pièces, et a souvent pourvu le duc de Savoie de canons et de bombardes. Dans les guerres de Verceil et dans les entreprises postérieures, on rencontre souvent le nom de maître Hans de Tallia, bombardier bernois : seulement, les canons de Berne étaient la plupart de petit calibre, et se chargeaient avec des balles de plomb. Ces circonstances me persuadent qu'il faut traduire ici canons par *tube* (canna), dans le même sens qu'est employé dans les documents français le mot *baculus*, ce qui veut dire *tube* en général ; et ainsi il est question ici d'une espèce d'*arquebuses portatives*. En effet, il ne peut s'agir ici que de pièces de petites dimensions, si le ribaudequin susdit en portait quatre, outre deux bombardelles. Ce qui me confirme encore plus dans cette opinion, c'est qu'on trouve dans l'inventaire du château d'Ivrée, en 1426, cinq canons apportés de Berne et de Brozzo avec l'épithète *ad manus*, et en mentionnant également qu'on les chargeait avec des boulets de plomb, de fer et de pierre (1). Je ne nie pas que les mots *ad manus* puissent aussi se traduire par colliers (maniglie) ; mais il me paraît probable et presque certain même, d'après toutes les considérations précédentes, que ce mot peut indiquer un tube qu'on manie avec la main, savoir : une arquebuse ou une escopette. Ainsi, nous avons ici le plus ancien souvenir qui nous reste d'armes à main et qu'il faut joindre à celui que j'ai également découvert des *bombardelles à trayre à cheval*.

En effet, dans l'idiome du temps, quand on veut désigner une pièce munie de colliers (maniglie), on se servait de l'expression : *canones manucati* (2).

(1) Inventaire de l'artillerie du château d'Ivrée. Item canones apportatos de Berna et Brozzio ad manus quinque

(2) Comptes de Pierre Masoeri.

La locution *ad manus*, en français *as meins*, servait à distinguer les pièces à mains de celles qui étaient posées sur affût, sur chevalet ou dans un mur (1). Dans ce temps, la désignation de canon sans autre épithète, ne désigne que de petites pièces ; cela résulte de ce que, dans le compte de l'expédition de Verceil, on mentionne premièrement un grand canon de bronze (magnus canonus bronzi), puis quatre gros canons ou bombardelles (quator canones grossi, sive bombardelle), puisqu'il a déjà été dit ci-dessus que les bombardelles d'une seule pièce différaient très peu des canons ; ce compte fait aussi mention de vingt-cinq canons apportés de Berne, et le canon long de Freiline, et immédiatement après l'inventaire indique un approvisionnement de balles de plomb pour ces canons qui, dans un autre endroit, sont désignés sous le nom de petits canons. (Item plures ballotas pro parvis canonibus.)

Les grandes bouches à feu, en se rapetissant jusqu'aux proportions convenables à la force d'un bras d'homme, donnèrent naissance aux armes portatives si utiles dans les batailles et à la chasse ; la bombarde, la plus grande de toutes, réduite en bombardelle, a certainement donné naissance au pistolet, parce que les bombardelles, étant composées de plusieurs tubes, chacun d'une palme environ, purent facilement donner l'idée d'affûter un seul de ces canons de la plus petite dimension, ce qui formait une espèce de pistolet. Nous avons vu que du canon réduit est dérivée l'arquebuse ou l'escopette, qui, dans le principe, ne devait former qu'une seule et même chose, puisque escopette et canon étaient syno-

(1) Dans l'inventaire de 1428 de la bastille de Paris, nous lisons : XVII *canons à mains, dont deux sont de cuivre et les* XV *de fer, sans chambres.* Quelquefois les petites pièces d'artillerie se plaçaient sur un chevalet et s'arrangeaient sur une espèce de table en forme de grands colliers pour tirer, c'est pourquoi nous lisons un peu plus loin : *Un grand collier à cheval pour traire.* Voir Fig. 6, la planche II de l'ouvrage du prince Louis Napoléon.

nymes ; et nous verrons dans peu que, du raccourcissement de la couleuvrine est dérivée la plus commune et la plus anciennement employée des armes à mains, savoir : la carabine, laquelle était aussi, dans le commencement, la plus longue, comme la pièce dont elle dérive.

Dans l'inventaire de 1521 du château de Nice, nous trouvons aussi l'indication que l'arquebuse s'est formée du canon raccourci et des variétés de ces canons. Les variétés des canons, pour de moindre calibre et de moindre longueur, étaient : les *moianes*, les *sacres*, les *faucons*, les *vuglers* ou *trabus*, les *courtauts* (1). Les fauconneaux, les serpentins, les émerillons, etc., les aspics, les plus courts de tous, à l'exception des vuglers. Or, dans le même inventaire, nous trouvons : huict falcons (il fallait fauconneaux), *sine arquibus affustes sus chivallet* (2). Les faucons devaient être les mêmes que les pièces dont on parle plus loin en ces termes : *ung faulcon de bronse du poys dung quintal et demy*. Le faucon tirait ordinairement un boulet de six livres, le fauconneau la moitié.

Le nom de canon était déjà ancien, mais celui de coulenvrine était nouveau dans les vingt premières années du xve siècle ; c'était une espèce de canon, plus long ordinairement, et par conséquent d'un calibre plus fort ; la racine du mot est évidemment *couleuvre*, parce que les fondeurs se plurent à orner la pièce d'une tête de serpent. En 1441, il y avait au château de Nice des couleuvrines du poids de 102 rubbios chacun. Il y en avait qui égalaient en portée les plus gros canons, et, étant plus longs, contenaient plus de métal. Je ne trouve pas d'exemple en ce siècle pour

(1) Dans un inventaire de 1480 du château de Nice, le cortaut est rangé parmi les bombardes. Una bombarda dicta cortaut.

(2) On fabriquait la même qualité de poudre pour les fauconneaux que pour les arquebuses. Voir l'ouvrage intitulé : Vallo.

en déterminer la longueur; mais, dans le siècle suivant, il y avait à Venise un canon de 100, long de 12 pieds; une couleuvrine de 100, longue de 13 pieds ½ ; le diamètre de la culasse du canon était de 1 pied 8 pouces, celui de la couleuvrine avait un demi-pouce de moins.

Une couleuvrine renforcée du calibre de 25 livres de tir se nommait passe-volant ; mais on s'en servait de toutes grandeurs, principalement dans l'artillerie française. Les Pisans adoptèrent aussi l'usage de petits passe-volants, et ils s'en servirent en 1496, au siége de Ripafratta, ainsi qu'on le lit dans le *Memorial de Porto veneri* (Archives historiques).

Les couleuvrines ordinaires étaient de toutes dimensions, et fréquemment on employait les moyennes et les petites. Les grandes tiraient des boulets de fer, et les autres des balles de plomb, depuis le poids de 4 onces jusqu'à ¾ d'once.

Les couleuvrines de cette dernière espèce étaient incontestablement des armes de main. Parmi les armements possédés par le prince de Piémont, en 1441, dans son château de Turin, il y avait XXXIX *colourines de loton à mange de bois et ung panier plein de bombées pour lesdites co'ourines.* Il y avait donc de petites carabines de guerre et de chasse en 1440. Les châteaux de Chambéri et de Montmelian se munirent de trois douzaines de couleuvrines et de trois cents plombées ou petites balles de plomb pour les mêmes. Les armes à feu achetées par douzaines et payées pas plus que 18 gros (1) par couleuvrines, ne pouvaient être que des armes à main.

Une année après, on trouve dans le château de Nice 30 petites couleuvrines, dont 6 pesaient (en métal seulement), chacune 12 li-

(1) Environ 20 francs de notre monnaie. Voir Economia politica del Medio Evo, tome III.

vres, et les 24 autres ne pesaient que 6 livres chacune ; cela veut dire que les premières, avec leur bois, étaient presque égales en poids au fusil de munition piémontais d'aujourd'hui, qui pèse 12 livres $\frac{1}{2}$, et les secondes étaient plus légères, parce que la livre de Nice contient 311,6285 grammes, et celle de Turin 368,8797 (1). Voici donc confirmé d'une manière incontestable que ces petites couleuvrines n'étaient que des carabines, ce qui est d'ailleurs rendu évident par ce fait, que dix années après on trouve des couleuvrines dans les armées anglaise, turque, suisse, française, non-seulement par centaines, mais par milliers, comme l'ont prouvé Omodei et M. Masse. Ce n'est pas à tout hasard que j'ai dit que les susdites couleuvrines étaient d'espèces de carabines, parce que je pense que de couleuvrines et de couleuvriniers sont venus les mots carabine, carabin, et ensuite carabinier; que de l'arabe *karob*, arme à feu, et ensuite cette dénomination s'est confondue pendant quelque temps avec celle d'escopette et d'arquebuse (2).

En 1432, les gardes qui accompagnaient l'empereur Sigismond étaient armés de couleuvrines à mains qui s'appelaient déjà escopettes, ainsi que Promis l'a rapporté d'après un auteur contemporain. Le même donne, d'après Pierre Turneo (1420), la description de cette arme à feu : celui-ci les nomme *manesche*, fuse di rame, perforate a guisa di canna, dette schiopetto. Chi le posta, cacciando per forza di fuoco palla di piombo trapassa un uomo armato.

Écoutons maintenant Bartholomé Facio, parlant des couleuvrines :

« Il y a encore une autre espèce de canon vulgairement appelé

(1) Voir l'ouvrage si exact de M. Pietra Rocca. Pesi Nazionali e stranieri dichiarati et ridotti, Genova, 1843.

(2) Grassi, Dizionario, militaire.

couleuvrine, petit ou long, beaucoup plus dangereux que l'arme précédente (la bombarde), parce que son projectile invisible à l'œil tue avant qu'on l'ait vu frapper. Il y en avait encore de semblables, et de moindres dimensions (1); on ajustait le tube à un fût long de trois pieds (2), et les soldats s'en servaient dans les grandes batailles comme d'une arbalète à mains. Aucune espèce d'armure ne peut résister à cette arme; elle traverse un cavalier armé même d'une pesante armure : instrument certainement détestable. Ses projectiles sont en plomb, et de la grosseur d'une noisette. Il y en a, de ces instruments, qui d'un seul jet, lancent cinq balles et davantage. »

Pio II décrit à peu près de la même manière un instrument qu'il nomme *sclopetum*, qu'il dit erronément être d'invention récente et germanique, et auquel il assigne des balles de plomb de la grosseur d'une noisette (3).

Vers la fin du xve siècle, on appliquait aux couleuvrines de petite dimension, le nom générique d'*arquebuses* ou escopettes, et qui se manœuvraient sans l'aide d'une fourchette ou d'un chevalet.

Les fantassins seuls en faisaient généralement usage. Le premier qui ait formé en Italie une compagnie régulière d'escopettiers à cheval, fut Camillo Vitelli, fils de Nicolo, seigneur de

---

(1) Le texte porte : Ejus fistulæ persimiles aliæ sunt minores. Omodei traduit : Leur tube était semblable à celui des bombardes, ce qui n'est pas exact; Mauri, qui a publié dans le xvie siècle une traduction de Facio, interprète d'une autre manière; mais mal aussi.

(2) Mauri, traduit l'*Inseritur asseri pedum trium*, par planche à trois pieds. Moi, je crois, qu'*inseritur* désigne une pièce de bois creusée en guise de manche; d'ailleurs, ceci ne devait pas empêcher d'appuyer les couleuvrines, un peu plus lourdes, sur une fourche ou sur un chevalet.

(3) Commentar, lib. IV.

Tiferno; ce Vitelli est aussi célèbre dans l'histoire militaire de l'Italie au xve siècle, que ses frères et son père (1). Mais la longueur démesurée et le poids de ces armes, les rendirent si malaisées à manœuvrer, que cette milice tomba bientôt en désuétude; elle fut renouvelée en Allemagne et en Espagne, vers la moitié du siècle suivant; et fut armée de tubes plus courts, moins lourds, qui, selon la longueur, la forme, le calibre et la monture, étaient nommés arquebuses et carabines.

Dans un inventaire du château de Nice, en 1521, on voit clairement comment l'ancien nom de couleuvrine s'est changé en celui d'arquebuse; on y a inscrit: « Sept collovrines de fonte, six arquébus de bronze (2). » Il est évident également que ces arquebuses étaient des pièces de position, et non des armes à main; par ce qu'on en dit: *Trois piesses de fer à mettre sus les chevallets pour arquébus*; et peu après, *quarante-huit piesses de fer pour arquébuses.*

Toutefois, les indications d'armes à main ne manquent pas non plus, puisqu'on y mentionne: *Deux collourines à main de métal, l'une affustée, l'autre non;* et peu après, *vingt-six piesses de plomb pour collourines à main.*

Comme on n'indique pas le calibre, on ne peut savoir si c'était des arquebuses à fourchettes, à main ou des escopettes. Tartaglia, qui écrivait, en 1538 et l'année suivante, dit que l'escopette avait un boulet de moindre poids que l'arquebuse; et toutefois il ajoute

(1) Primus in Italia sclopetariorum equitum turmam, instituit quod equitum genus postea intermissum est quum nimia atque inhabili sclopettorum longitudine præpe diruntur. Jovius. Elogia virorum bellica virtute illustrium, 182.

(2) En 1461, le trésorier-général de Savoie, enregistre une dépense pour acheter de l'aigue ardent (acide sulfurique), pour faire les poudres des coulevrines.

qu'on faisait aussi des escopettes de même calibre que les arquebuses (1); ce qui porte à croire que ces armes se distinguaient par quelque autre différence; c'est ainsi qu'on distinguait de l'arquebuse, l'émerillon, petit canon de position, et le mousquet, pièce plus grosse et plus longue, et qu'on ne pouvait manœuvrer qu'à l'aide de la fourchette (2); tandis que quelques espèces d'arquebuses étaient petites, légères, et pouvaient servir comme arme de chasse (3).

La différence entre l'arquebuse et l'escopette, qu'on remarque dans les figures qui accompagnent le traité de François de Georgia Martini, abstraction faite des calibres, consiste en ceci : l'escopette a une monture en bois, qui arrive jusqu'à l'extrêmité du canon; tandis que l'arquebuse n'a qu'un manche sur lequel elle est, pour ainsi dire, implantée. L'escopette, figurée par Valturius et reproduite par Venturi (fig. 14), a ainsi un fût qui va jusqu'au deux tiers du canon; je ne trouve pas d'autre exemple contraire à mon observation, excepté dans Ghiberti, écrivain pas très ancien, et qui appelle escopette un canon fixé à un long manche ondulé;

---

(1) Senza dubio sono pui pesanti (le palle dell' archibuso), vero è che sono alcuna sorta di schioppi che portano balla alla equalita d'alcuni archibusi. Nova sciencia di Nicola Tartaglia, 21.

(2) Cattaneo dit, dans son Art Militaire, que dans son temps (seizième siècle), les mousquets tiraient des boulets d'une livre.

(3) Les arquebuses et les escopettes de fer qu'on tire à bras, avec lesquelles on peut tuer, non-seulement des pigeons, mais aussi d'autres petits oiseaux et des animaux très petits. Biringoccio, 113.

Cattaneo, en donnant la recette pour faire de la poudre, distingue, non-seulement la poudre de la grosse artillerie de celle des arquebuses, et encore celle-ci de la poudre d'escopette, qu'il dit plus fine et avec une plus grande proportion de salpètre. Mais, je crois, qu'il parle des arquebuses de position. Esamini dell' bombardieri, 22. La mèche des mousquets différait aussi de celle de l'arquebuse. Inventaria dell' artgliera dell' forte di Ceva 1500 mais cette arme semble être à chevalet et non à main (Venturi, fig. 13); ainsi cela n'infirme pas ma conjecture.

Au commencement du XVIe siècle, les fabriques d'arquebuses, les plus renommées, étaient en Allemagne et en Bohême. On les faisait plus légères et plus maniables en Espagne. Les fabriques de Gardon, dans le val Trompia et celles de Pontebba sur les confins du Frioul, avaient de la réputation (1).

Ayant ainsi trouvé la généalogie de la pistole, de l'arquebuse, avec ses variétés, escopettes, carabines et mousquets, il me reste à parler de deux autres pièces en usage dans le XVe siècle, *les veuglaires* et les *orgues*.

Les premières sont mentionnées en France, en Suisse, en Savoie, à Nice, et non dans le reste de l'Italie.

Les *vuglaires* étaient des pièces ayant un canon extrêmement court et dont le calibre variait tellement, que j'en ai trouvé depuis 10 livres jusqu'à quatre onces; espèces de bombardelles.

En 1440, le duc de Savoie en a acheté deux de Jean Sourde, maître bombardier à Nyon, pour les châteaux-forts de Chamberri et de Montmeillan (2). Elles tiraient des pierres de 10 livres; ces pièces étaient probablement en fer. On n'en donne pas le poids.

L'année suivante, il y en avait *cinq* au château de Nice, encore plus petites, de bronze, bien montées, du poids de 32 livres; elles jetaient des balles de 4 onces et avaient 1 pied de longueur.

En 1443, parmi les autres pièces que le duc de Savoie envoya

---

(1) Si fanno anche in detti luoghi archibusi da cavaletto ovvero da posta, et canno da uccelare et da fuoco et da ruota; et archibusseti da ruota buoni et perfetti. Cicogna, trattato militare.

(2) Item pour deux vuglaires pour lesdits deux châteaux, ung chacun portant pierres de 10 livres, ung chacun costant 30 florins. Compte de Jean Lyobard le jeune, trésorier-général.

au secours des bourgeois de Berne, on mentionne aussi les *vuglaires*, appelés d'un autre nom, *taraboste ;* dénomination qu'on peut dériver de *terrate*, espèce de rempart en terre et de *buchs*, qui signifie en Allemand bouche à feu, et proprement *pyxis*, vase (1).

Dans la même année, le duc a acheté une tarabuste en laiton du poids d'un quintal et demi, au prix de 18 florins d'Allemagne le quintal (2).

En 1447, on a une nouvelle indication de quatre pièces semblables, achetées par le duc de Savoie ; non de bronze, mais en fer et chambrées ; elles jetaient des boulets de pierres (3). Un moine de Brou a vendu une certaine quantité de pierres au maître d'artillerie, qui les a fait tourner et réduire au poids exigé.

En 1468, Philippe de Savoie, comte de Baugé, qui fut depuis duc, emprunta au comte de Gruyères deux pièces d'artillerie nommées vuglaires ou tarabustes, et deux orgues à quatre tubes que Nicod de Villette alla chercher à Fribourg, au mois de février (4).

---

(1) Compte d'Ogonetto Doussens, trésorier-général.

(2) Causa emptionis unius taraboste de lotons ponderantis unum quintale cum dimidio valente quintali XVIII florenos Alamannie. Compte de Jean Mareschal, trésorier-général.

(3) Et premièrement a livre IV vuglaires de fert à chambre tirant, poysant le premier VIII livres, le second sept livres, etc. Compte du même Jean Mareschal.

(4) Quatuor currus quorum duo erant onerati quilibet uno baculo artillerie vocate tarabust et alii duo quilibet quatuor baculis vocati *orgues* quos in dicto loco de Friborg, expedire fecit dictus dominus Gruerie....

Libravit die V maii quo die fonderunt baculum seu vugliarium, appelatum galant.

Premièrement a faist traire et employé pour les deux terabus de fondue de coure (cuivre), qui s'appellent la servante et le valet. — Item pour le Lyoures de couvertes des vuglaires que l'on a amenés de Fribourg.

On appelait *orgue* une machine composée de plusieurs tubes juxtaposés ou placés et étroitement réunis sur une table, servant à balayer les ponts, les passages, les brèches, les ports et autres endroits étroits (1).

Le même prince fit fondre à Bourg en Bresse, par quatre maîtres bombardiers de Fribourg, trois vuglaires ou tarabustes de bronze ; un du poids de 8 quintaux et 68 livres, appelé le *galant ;* l'autre de 5 quintaux et 14 livres, appelé le *valet* ; le troisième de 4 quintaux et 81 livres, appelé la *servante*.

Il fit, en outre, fondre dix orgues de diverses grandeurs. Les fondeurs s'appelaient : Angelino des Orgues (ainsi surnommé, de son habilité dans la fonte de ces pièces, son vrai nom était *Palet*) ; Jean Palet, son frère, Jacob Tonnerre et Pétermann de Fribourg. Le disque tournant sur un gond, figuré dans Valturius, est une espèce d'orgue, de même une réunion d'escopettes disposées circulairement, les volées en dehors.

De tout ce qu'on vient de dire sur les vuglaires ou tarabustes, de canons très courts, plus encore que dans les aspics, il ressort suffisamment qu'ils étaient les mêmes que les *courtauds*, les pères des modernes obusiers, de dimensions assez petites, et jetant seulement des boulets de pierre, de fer ou de plomb au lieu d'obus et de boîtes à mitrailles. Toutefois, ce genre de projectile n'était pas inconnu au xve siècle, et quelques pièces d'artillerie,

---

In quatuor peciis orgarum ponderantium, très quintales XV librus, etc., Compte de Nicod de Villette, 1468.

(1) Le prince Louis Bonaparte se trompe, lorsqu'il confond les orgues avec les ribaudequins, p. 52. L'orgue était formée de plusieurs pièces auxquelles on mettait le feu d'un seul coup. Les ribaudequins étaient des voitures garnies de fers aigus, et qu'on armait d'un nombre plus ou moins grand de bouches à feu, à volonté, et qu'on ne peut d'aucune manière considérer comme servant de montures à des orgues.

les serpentines, par exemple, avaient quelquefois triple charge (1). Il est question d'obus dans l'inventaire de 1428, de la Bastille parisienne ; on y a enregistré *pommes de cuivre à jeter feu*. Ces projectiles seraient donc antérieurs à Pandolfe Malatesta, auquel Valturius en attribue l'invention.

Artillerie dans les XVIe et XVIIe siècles.

La trop grande variété des calibres donnait lieu à l'inconvénient notable d'avoir besoin d'un approvisionnement de projectiles de toute proportion ; l'une venant à manquer, la pièce devenait inutile ; et lorsqu'en s'emparant de l'artillerie ennemie, les approvisionnements y destinés étaient épuisés, on ne pouvait s'en servir qu'avec beaucoup de peines. On en fit souvent la triste expérience dans les guerres qui désolèrent la malheureuse Italie, sous François Ier et Charles-Quint ; aussi vers le milieu du siècle, on adopta pour unité le canon ; et selon les localités, de 48, 50, et enfin 60 livres de boulets ; et on rapporta les autres canons à celui-ci, en les appelant double canon, demi-canon, quart et huitième de canon. Cependant, on conserva encore les noms et l'emploi de diverses autres pièces ; mais pour plus grande commodité, on les distingua aussi par la seule indication du poids du boulet. La bouche de la pièce, ou le boulet, servaient encore de mesure à déterminer la longueur selon les règles de l'art.

En France, les pièces furent réduites à *sept* : le *canon*, la *grande couleuvrine*, la *couleuvrine bâtarde*, la *moyenne*, le *faulcon*, le *fauconneau* et l'*arquebuse de position*.

---

(1) Item trois sarpentines de fer, garnies chacune de trois charges. Compte de François Astruga, receveur-général du comté de Nice.

1° Canon	10 p.	1 p.	(3m.275)	6 p.	2 lig.	(0m.167)	
2° G. couleuvrine	1	2	(3m.302)	4	2	(0m.113)	
3° Bâtarde	9	»	(2m.924)	4	6	(0m.122)	
4° Moyenne	8	2	(2m.653)	2	8	(0m.077)	(1)
5° Faucon	7	moins quelque chose.	(2m.274)	2	4	(0m.063)	
6° Fauconneau	7	4	(2m.382)	2	2	(0m.059)	
7° Arquebuse	3	1	(1m.002)	0	11	(0m.025)	(2)

En Italie, les pièces le plus communément employées, l'usage des bombardes ayant déjà cessé, furent (3) :

Canons de 100 livres de boulets, et encore plus, de 60, de 50, de 40, de 30, 25 (moyens canons) ; de 14, appelés aussi bastardelles ; de 12 (quart de canons.)

Canons-pierriers de 4 jusqu'à 250 livres de boulets, de pierres; couleuvrines de 14 livres jusqu'à 100 livres.

Moyennes couleuvrines renforcées ou passe-volant, de 25 livres.

Sacres de 12.

Aspics (canons plus courts) de 12.

Faucons de 6.

Sacres de 6.

Fauconneaux de 3, appelés aussi farconcini en Toscane.

Mousquets d'une livre.

Il y avait beaucoup de calibres de ces dernières armes à feu, jusqu'à une once et demie, et même jusqu'à une once de balle.

---

(1) Une moyenne de bronze avec la date de 1551, avec des fleurs de lys, trophées de la victoire de Saint-Quentin, portait trois livres de balles.

(2) L'usage en a cessé au commencement du XVIe siècle.

(3) De La Fontaine. Discours sur l'artillerie adressé au prince de Piémont, en 1580.

Toutefois, alors et même depuis, les proportions des pièces n'étaient pas bien fixes, excepté ce qui regarde l'unité du canon, ainsi qu'on peut le voir dans beaucoup d'auteurs qui ont traité de la science militaire ou de l'artillerie. On rapporte seulement que Charles-Quint ne s'est servi d'autre pièce de campagne que de 1 à 12 livres (1). L'inutilité des grandes pièces d'artillerie était alors reconnue de tout le monde, puisqu'on ne fabriquait pas de canons d'un calibre supérieur à 32. C'était un grand mal, aggravé alors par la difficulté des transports, provenant, soit du poids demesuré des pièces, soit de celui de l'affût, qu'on ne savait pas proportionner à la pièce, qu'on surchargeait de bois et de ferrures (2).

On attelait vingt couples de bœufs pour tirer une couleuvrine de 60; dix-huit pour une couleuvrine de 50, sept pour une moyenne couleuvrine renforcée de 25, dix pour un canon de 60 livres, quatre pour un quart de canon de 12, deux pour un faucon de 6, un cheval pour un fauconneau de 3 (3).

Une autre opération, longue et difficile, était celle de charger ces grosses pièces; aussi le tir n'en était pas très fréquent. Cattaneo rapporte qu'une couleuvrine de 60 tirait 40 coups par jour; de 50, 45; un canon de 60, 80 coups; un moyen canon, 110; un sacre ou un faucon de 6, 120; un fauconneau de 3, 140 par jour.

Ruxelli, dans son *Bouquet de préceptes militaires*, rapporte, entre autres choses, que les Français, à l'attaque de Calais et au siége de Thionville, tirèrent, avec des canons, jusqu'à 100 coups par jour; mais c'étaient des canons de bronze, on se servait de poudre très fine.

D'ailleurs, on n'ignorait pas, à cette époque, l'art de fondre des

(1) Cattaneo, essamini de' bombardieri.
(2) Biringoccio, pirotecnia.
(3) Cattaneo, essamini de' bombardieri.

pièces qui se chargeaient par la culasse ; mais c'étaient des pièces de petit calibre qui s'appelaient mousquet à trague ; ces pièces avaient un *mâle* de fer, qu'on garantissait au moyen d'un sabot, et qu'on chassait ensuite dans le mousquet à coups de maillet. La lumière était pratiquée dans le mâle.

Emmanuel Philibert, qui fut un des plus grands princes réformateurs (les seuls bons quand ils savent se réformer eux-mêmes et les autres), a rétabli cette partie importante de l'artillerie ; il l'aimait tant, qu'il a plusieurs fois dessiné et taillé lui-même les modèles (1). Nous avons la liste des pièces suivantes fabriquées par son ordre, et dont fut armée depuis la place de Villefranche.

2 canons de bronze de 60.

1 couleuvrine de bronze de 28.

1 bâtarde de bronze de 40.

$\frac{1}{4}$ de canon de bronze de 15.

1 sacre de bronze de 8.

$\frac{1}{3}$ de canon de 18.

Nous voyons par là que l'unité du canon entier établi par Emmanuel Philibert était de 60, et non de 50 ni de 48 (2).

Mais, à ce qu'il paraît, il n'y avait pas de règles certaines pour les couleuvrines et autres pièces.

Dans un recueil de gravures allemandes du XVIe siècle, qui se conserve à la bibliothèque de l'Université de Turin, sous le titre de *Vues de villes, de batailles, sièges*, etc., on voit, dans les corps d'armée qui y sont figurés, des arquebusiers à cheval, à la bataille de Blainville, 19 décembre 1562; d'autres arquebusiers à

---

(1) Cibrario : des gouverneurs et des bibliothèques des princes de Savoie. Memorie dell' Acad. R. delle Scienze, série II, vol. 2.

(2) Inventaire des forts de Villefranche et de Montalbano, 1654. Il est à remarquer que les pièces portent le nom et les armes d'Emmanuel Philibert.

cheval, avec des carabines courtes, au siége de Poitiers, 1569, et des fantassins espagnols, à Bruxelles et à Autorf, avec des carabines grosses et courtes, en 1576 ; un escadron de cavalerie armé de pistolets, à la suite du comte Adolphe de Nassau, dans une mêlée du 23 mai 1568, près de Wynschsten ; un autre escadron de cavaliers avec des pistolets, à la bataille de Bergen, du 28 août 1572; d'où nous concluons que les *bombardelles à trayre à cheval*, déjà mentionnées en 1431, s'étaient conservées dans l'usage des troupes, et entraient finalement dans le mode régulier d'armement.

De plus, d'après un témoignage du duc Emmanuel Philibert, nous voyons qu'à la première époque citée ci-dessus, les *reytrés*, arquebusiers allemands à cheval, étaient armés de pistolets. En effet, racontant la bataille de Renty (13 août 1354), le duc écrit : « *Nous feismes venir en renfort desdits Espagnols le comte de Salzbourg, et envoyâmes deux cents reytres de ses gens, qui sont arquebusiers à cheval, des pistolets et armes noires.* »

Ce témoignage authentique contemporain, fait disparaître beaucoup de doutes, et rectifie beaucoup d'idées inexactes qui avaient cours sur cette matière.

Dans la seconde moitié du même siècle commence l'usage des pétards.

Dans le XVIIe siècle on continua à se servir des canons dans le mode déjà dit, parmi lesquels il y avait aussi des canons de 80 et des canons de 6, ou moyens canons, qui s'appelaient *courriers*, peut-être parce qu'ils avaient un affût propre à galoper sur le champ de bataille comme le rapporte Davilla, assez singulièrement, d'une certaine couleuvrine française ; des couleuvrines de divers calibres, de 2, de 10, de 15, etc ; des pièces appelées moyens canons, des *moyannes*, canons courts et renforcés, espèces d'obusiers qui se chargeaient aussi de mitraille, et qui étaient du calibre de 8, 6, 5, 3 ; des courtauds ou des courtanes de 20 (1). Des pierriers en bronze, de cinq livres, d'une livre, et d'une livre et demie ; des émerillons de bronze d'une livre et d'une demi-livre, de dix onces, de six onces ; des mousquets à main, des mousquets à murailles et de campagne, des mousquets de Bourgogne et de Lorraine, des mousquets de Biscaye, des mousquets d'un calibre montés à l'allemande (2), des espingards, des orgues à six tubes, des orgues à dix canons ; des mousquets et carabines.

Dans le fort d'Orméa on avait, en 1677, un mousquet à chevalet, long de sept palmes, du calibre de quatre onces ; six émerillons, trois d'une livre de balles, et de sept palmes de longueur ; les autres de seulement neuf onces de balles ; deux, longs de six palmes et demie, et le dernier de trois palmes ; enfin, il y en avait jusqu'au calibre de trois onces.

Je rappellerai encore des balles avec des pointes en fer, appelées *angioli*, et des balles de plomb avec un noyau de pierre (3) ; ces dernières étaient du poids de six, de quatre, de deux, et une once.

Il s'introduisait, en attendant, une amélioration importante dans les armes à feu à main. Jusqu'alors, on y mettait le feu, ou au moyen d'une mèche qu'on abaissait sur le bassinet, ou bien au moyen d'étincelles que faisait sortir une roue d'acier tournant contre une pierre à feu ; de là on distinguait les arquebuses à rouet des arquebuses à main. Mais ces dernières avaient besoin d'une grande provision de mèches, et avaient en

---

(1) Inventaire des pièces fabriquées, par François Hamenet, fondeur des ducs de Savoie, 1697.

(2) Inventaire de l'arsenal de Turin, 1694.

(3) Ce mot manque dans le dictionnaire militaire. Dans ce sens là, ce n'était pas le boulet qui s'appelait *amata*, parce que, dans celui-ci, les pointes étaient en forme de crochet.

outre l'inconvénient de découvrir aux ennemis les embuscades et les mouvements cachés ; elles se rouillaient et se cassaient facilement ; et coûtaient jusqu'à 25 écus. Emmanuel Philibert avait armé ses gardes d'*escopettes à foyer* (fucile); mais l'invention était assez compliquée, et fort chère. Jean-Antoine Cornaro, qui était à son service, écrit, vers 1594, avoir trouvé une nouvelle manière d'escopettes à foyer simple, sûr, et peu coûteux (1). Néanmoins, il se passa beaucoup d'années avant que cette invention prît racine ; c'est seulement vers 1680 et 1690 que commence à se propager l'arquebuse à foyer (fucile), dans lequel la roue est remplacée par un marteau (chien), d'où vient, à cette espèce plus simple et plus commode d'arquebuse, le mot de fusil.

Dans l'inventaire des pièces d'artillerie de la ville et citadelle de Turin, de 1686, je ne rencontre pas encore de fusils. Six années après on le trouve dans l'arsenal de Turin, et dans les citadelles de Verceil et de Coni.

A Turin, on mentionne des fusils à la française, avec des canons de divers calibres ;

Fusils avec faucons ;

Fusils de calibres de diverses longueurs ;

Fusils de divers calibres.

A Coni, on a enregistré :

Fusils, 91 ;

Mousquets, 616 ;

853 caisses de balles à mousquet ;

88 — — à fusil ;

50 — — à espingards.

(1) Dialogue manuscrit, rapporté par Venturi. L'original est dans la bibliothèque ambroisienne.

A Verceil, on compte 24 caisses de fusils étrangers (1).

A la même époque s'est propagée une invention plus utile encore, celle de la baïonnette, qui a rendu presque inutile l'usage des armes de haste.

La première mention que j'en trouve en Piémont est de l'année 1694.

Des armes de jet, et comment l'usage en a disparu.

Conduit ainsi à la fin de mes recherches sur l'origine et les propriétés des pièces d'artillerie, il me reste, pour compléter mon travail, à faire connaître comment les anciennes armes de jet, les armures et les armes de haste, allèrent toujours en diminuant, afin qu'on voie d'autant mieux comment le système moderne de guerre s'est successivement établi.

Il convient de distinguer les machines de jet (*ingenia*), des armes de jet. Dans les archives du gouvernement de Savoie, en deçà et au-delà des Alpes, je ne trouve mentionné que deux espèces de machines : les *truies* et les *trébuchets*. La première jetait des rochers immenses, à l'aide, je crois, de plusieurs frondes ; la seconde, formée d'une hampe en équilibre, au moyen d'un ou deux contre-poids, n'avait qu'une fronde, et ne jetait qu'un projectile, mais qui pouvait se manœuvrer avec tant de précision, qu'on pouvait le dirigter partout, au moindre signal (2). Vers le XVe siècle,

---

(1) Inventaires de cette ville, conservés dans les Archives de la Chambre des Comptes, comme tous les autres documents cités dans cette lettre, sans indication spéciale. Dans l'inventaire de Turin, on a enregistré : un petit canon de cuivre recouvert de laiton.

(2) Comptes de la châtellenie de Lanzo. — Dufour, *Mémoire sur l'artillerie des anciens et sur celle du moyen-âge.* Dans cet ouvrage, on voit les figures de deux trebuchets avec un seul contre-poids. Cependant il y en avait avec deux contre-poids, comme on peut le voir dans Valturin et dans

je trouve les *couillards*, dont la corde principale avait le nom de *chandelle* ; et parce que je ne vois plus parler de la truie, je crois que c'était la même machine portant une dénomination française. En effet, nous voyons, dans Christine de Pise, que le couillard était une machine à jeter des roches, et armée de trois frondes.

Peut-être que la truie, ou couillard, répond au mangano des Italiens, et le trébuchet à la fricolle. Mais il est chanceux, à une si grande distance de temps, et avec des renseignements si obscurs, de se livrer à des assertions, et, pour le moment, il est nécessaire de s'en tenir à des conjectures.

Les armes de jet étaient : les arbalètes et les arcs, tous deux destinés à lancer des flèches ; mais ces derniers étaient légers, à main, en bois ou en corne ; les premiers, ordinairement d'acier, mais qui ne pouvaient se tendre sans engins, ni se tirer sans appui.

On distinguait plusieurs espèces d'arbalète, et plusieurs variétés de projectiles.

Les arbalètes à *pieds*, appelées aussi arbales à jambes, parce qu'on les appuyait contre une barre pour tirer (1). Il y en avait aussi avec deux pieds. Elles répondaient aux arquebuses à fourchette.

Arbalètes à poulie ou à rouet, parce qu'il fallait une poulie ou

---

d'autres auteurs. La hampe en équilibre, à laquelle était attachée la fronde, se bifurquait, et, à chaque extrémité, était un contre-poids ; ce qui contribuait à donner plus de justesse au tir ; les pierres employées étaient taillées et d'un poids proportionné à la distance où l'on voulait atteindre.

(1) Je ne puis être de la même opinion que le prince Louis-Bonaparte (p. 17), qui pense qu'elles s'appelaient arbalètes à deux pieds, parce qu'elles se tendaient en tendant l'axe verticalement sur ses deux pieds, tandis qu'avec la force des deux mains on tirait la corde. Comment appellerait-on alors une baliste à un pied ?

rouet pour les tendre. En France, on les appelait *arbalestes à cric*.

Arbalètes à treuil, parce qu'il fallait un treuil pour les tendre.

Arbalètes à caravane. C'étaient les plus communes, et je crois qu'elles étaient en bois.

Arbalètes à *pesarola*, dont j'ignore la construction.

Enfin il y en avait qui jetaient de dix-huit à quatorze flèches à la fois (1).

Il y avait des arbalètes assez meurtrières, mais qui ne pouvaient pas se manier facilement ; ce qui rendait d'autant plus terrible la nuée de flèches que lançaient les archers, surtout les archers anglais, en multipliant les coups avec une rapidité incroyable.

Les projectiles des arbalètes étaient des flèches, des petites broches à hampe, de forme ronde ou carrée ; et, dans ce dernier cas, on les appelait aussi des carreaux ; on les garnissait d'ailes de papier ou de plumes d'oie, même avec des lames de cuivre, selon la grandeur.

Elles lançaient pourtant d'autres flèches, appelées *mosquettes*, avec des ailes de papier, et des *roquettes*, avec des ailes de cuivre (2).

Il y avait des traits adaptés à chaque espèce d'arbalète, d'où l'on peut conclure qu'il y avait des règles certaines et invariables

---

(1) *Item* pour XII arbalestes d'acier de XVIII carriaulx la pièce garnie de corde et de cour (cuir) prises de Pierre-Favre de Focange, au prix de VI florins la pièce.

Item deux arbalestes de XIIII carriaulx la pièce, ensemble les engins à les tendre, pris de Claude Crochet, valent 10 florins. — Comptes de Jean Maréchal, trésorier-général de Savoie, 1417.

(2) Inventaire de la chambre de Bologne de 1381. CCLXXIII muschitas impennetas de carta ; tres rochetas impennetas de ramo cum ferris.

pour fabriquer ces flèches. Nous trouvons des traits à *jambes*, à poulie, à treuil, à caravane, distinguée en grosse caravane et en bonne caravane. Il y en avait d'acier fin et trempé ; d'autres, de *moyenne épreuve*, à fer long et à fer court, avec hampe et sans hampe.

On les vendait en caisses et par douzaines. Les caisses en contenaient d'ordinaire cinq cents ; les caisses des traits de *moyenne épreuve* n'en contenaient pas plus de trois cents. Celles de qualité inférieure se vendaient par douzaines ; c'est pourquoi celles de choix de cette espèce se nommaient de *la bonne douzaine* (*de dondeyna bona*).

Les bons arbalétriers étaient Gênois, Provençaux et Espagnols.

Amédée VIII en avait de cette dernière nation à son service (1).

Dans les exercices , et ensuite , les soldats se couvraient la tête et la poitrine avec une espèce de chapeau en fer, c'est-à-dire de casque et de cuirasse, et avaient pour armes offensives les lances et les piques.

D'abord les cavaliers , et plus tard aussi les autres hommes d'armes , étaient les seuls qui fussent couverts d'armures défensives.

Je dis donc que, vers la fin du XVe siècle, les machines de jet n'étaient pas encore hors d'usage, tels que les couillards et les trébuchets (2); que les arbalétriers, soit à pied, soit à cheval, furent encore employés vers le même temps ; que les arbalètes, pour armer les forteresses, durèrent encore plus longtemps , et se trou-

---

(1) Comptes de Pierre Masœrii.

(2) Libravit Anthonia de Foxano, magistro trabuchorum in Bennis pro solvendo quibusdam homnibus virantibus et tendentibus trojam trahentem contra castrum die noctuque. Comptes de Humbert Fabro, 1387. — Unam cordam grossam pro trabucho Inventaire du château de Nice, de 1441. Archives de la commune.

vent encore mentionnées, sinon usitées vers la moitié du XVIe siècle (1); et que les piques ne furent chassées par la baïonnette que dans les premières années du XVIIIe siècle. C'est dans la première moitié du XVIe siècle que commencèrent à paraître, dans les batailles, les couleuvriniers avec leurs couleuvrines portatives, ou escopettes, appelées depuis arquebuses. Remplaçant les archers et les arbalétriers, ils étaient considérés comme une troupe légère, à l'instar des venites romains; on les plaçait sur le front et sur le flanc des armées; car le corps d'armée, pendant plus d'un siècle, était encore composé de piques, qui se nommaient piques sèches quand le soldat qui la portait n'était pas muni d'un corcelet.

En 1567, Jean-Antoine Levo, de Plaisance, a fait imprimer un discours sur l'armement, l'organisation et l'exercice des troupes du duc Emmanuel Philibert.

Il proposait des compagnies de quatre cents fantassins chacune, avec dix officiers, et divisées de cette manière :

Piquiers, avec corcelets.	150
Piquiers avec des écus ronds et des corcelets. . . .	10
Des hallebardiers avec des corcelets.	10
Des arquebusiers avec des morions, casques en fer, sans visières.	230

Chaque centurie avait un centurion, et était divisée en quatre escadrons, commandés par un caporal.

Les arquebuses devaient être en fer, longues d'environ trois

(1) Aulbalestes d'acier *neuves* avecque leurs bendages à pied de chèvre. Inventaire du château de Nice, 1521. Louis Malingri de Bagnoli, gouverneur.

pieds, de trois quarts d'once de calibre, en faisant attention qu'en combattant, les deux bouts de la mèche fussent toujours allumés.

Les piques devaient être en bois plus léger, s'il se pouvait, que le frêne, et longues de quinze à dix-huit pieds, afin de pouvoir attaquer au moins quatre files à la fois.

Les hallebardes, au contraire, devaient être à l'allemande, avec des pointes bonnes et longues, bien taillées, bien clouées, et battues, sans ces pointes intérieures, propres à blesser les voisins.

Les arquebusiers devaient se placer sur l'aile de la bataille et sur la première ligne.

L'ordre de la bataille d'Ivry, gagnée par le roi de Navarre (14 mars 1590), montre les corps de troupe suivants :

1° Lansquenets : lanciers à pied, première milice permanente, soldée par l'empereur Maximilien (1);

2° Les reiters, ou arquebusiers allemands à cheval ;

3° Arquebusiers picards à cheval ;

4° Lanciers des Pays-Bas à cheval ;

5° Infanterie suisse, piquiers avec peu d'arquebusiers ;

6° Arquebusiers français à pied ;

7° Arquebusiers français à cheval ;

8° Régiment des gardes-françaises (arquebusiers);

9° *Enfants perdus*, partie avec des lances, partie avec des arquebuses (2).

Les lances et les piques avaient donc, en ce temps-là, une importance réelle à la guerre, et c'est pour cela qu'il ne sera pas désagréable d'apprendre, pour derniers renseignements, dans

(1) Mettingh, status militæ Germanorum, 629.

(2) Vues de villes, batailles, siéges, etc. Bibliothèque de l'Université de Turin.

quelle partie de l'Italie les nations se fournissaient des meilleurs armes de baste.

Dans la vallée de Brombana, dans le territoire de Bergame, il y avait un endroit dit les *Cavrei*, et, non loin, il y avait trois autres endroits où les habitants travaillaient avec beaucoup d'industrie le bouleau et le frêne, que la nature produit là très droits et très grands: et lorsque ces arbres étaient parvenus à la grosseur et à la grandeur exigées, ils les taillaient, les coupaient, les polissaient, et les vendaient propres à recevoir les diverses ferrures au dehors. C'est aussi dans un endroit du pays de Trieste, appelé Montona, que la république de Venise faisait travailler des bois pour piques et hallebardes. Il y en avait de diverses qualités, mais les meilleures étaient en frêne.

Le fer des lances, les lames d'épée, les poignards, avaient rendu fameuse la ville de Valence, en Espagne. Mais, dans le château de Milan, se trouvaient aussi des épées et des poignards d'une trempe très fine. A Brescia, maître Séraphin était très renommé au commencement de ce siècle, et il avait fait une épée si bonne pour un grand prince, qu'elle lui fut payée plus de cinq cents ducats. Le territoire de Bergame avait de bons maîtres, appelés les Abramo; Serravalle et Cividal, de Bellune, dans le Frioul, avaient pour maîtres Regui de Feltran, Jean Donata et André de Ferrare.

Enfin Modène se vantait de livrer les meilleurs tambours par le maître Giacomo Bachui, et Trévise nommait, pour le même art, le maître Valcerca (1).

TERQUEM.

---

(1) Cicogna (Gio Matteo), Trattato militare, 1567.

Lagny. — Imprimerie de Giroux et Vialat.

EN VENTE CHEZ LE MÊME ÉDITEUR :

1. Camps agricoles de l'Algérie, ou colonisation civile par l'emploi de l'armée. in-8, 1847. Prix : 3 fr. 50

2. Colonies militaires de la Russie, comparées aux confins militaires de l'Autriche, par le baron de Pidoll, conseiller Aulique. Traduction de M. Unger, professeur au collége Stanislas 1847 3 f 50 c.

3. Considérations sur les effets de la grosse artillerie, employée par les vaisseaux de guerre et dirigée contre eux, specialement en ce qui concerne l'emploi des boulets creux et des bombes. Par T. F. Simmons, capitaine de l'artillerie royale anglaise, Traduit par E. J. Avec trois planches, in-8°, 1846. 7 fr. 50

4. Considérations sur l'état actuel de notre marine, supplément aux considérations sur les effets de la grosse artillerie employée par les vaisseaux de guerre et dirigée contre eux. Par T. F. Simmons, capitaine de l'artillerie anglaise. Traduit par E. J. In-8, 1846. 3 fr.

5. De la construction des batteries dans la Pratique de la guerre, Par Dupuget, avec une notice de M. Favé, capitaine d'artillerie, auteur du nouveau sytème de défense des places fortes. Vol. in-8, 1846. 2 fr.

6. De la fortification et de la défense des grandes places, par C. A. Wittich, major de l'artillerie prussienne, Traduit de l'allemand par Ed. de La Barre Duparcq, capitaine du génie. In-8° avec planches, 1847. 4 fr.

7. De l'organisation de l'artillerie en France. par M. *****, capitaine d'artillerie, ancien élève de l'Ecole Polytechnique, 1re partie, in-8°. 1847. 6 fr.

8. Des conditions de force de l'armée et de réserve, sans augmentation de dépenses. Par l'auteur de Vauban, expliqué en ce qui concerne les moyens de défense de Paris. In-8, 1846. 2 fr.

9. Documents relatifs au Coton détonnant. In 8, 1847. fr. 50 c.

10. Expériences sur les Srapnels. faites chez la plupart des puissances de l'Europe accompagnées d'observations sur l'emploi de ce projectile par Decker. Ouvrage traduit de l'allemand et notablement augmenté par Terquem, professeur aux Écoles royales d'artillerie, bibliothécaire du dépôt central d'artillerie et Favé capitaine d'artillerie, Un vol. in.8° avec 4 planches, 1847. 8 fr.

11. Examen du nouveau système de ponts de chevalets proposé par le chevalier de Birago, major au grand état-major général autrichien, suivi de l'exposé d'un nouveau système de ponts militaires à supports flottants ; par le baron P. E. Maurice (de Sellon) capitaine du génie, ancien élève de l'École Polytechnique, in-8, avec planches, 1847. 2 f. 50

12. Etude des armes par le chevalier J. Xylander major au corps royal des ingénieurs de Bavière, chevalier de plusieurs ordres, membre de l'académie royale des sciences militaires de Suède, docteur en philosophie. Troisième édition avec deux planches, augmentée par Klémens Schédel, capitaine au régiment royal d'artillerie bavaroise, prince Luitpol, professeur de tactique au corps royal des cadets, ouvrage traduit de l'allemand, par P. D'Herbelot, capitaine d'artillerie; revu complété, considérablement augmenté et suivi d'un **Vocabulaire des armes** par le traducteur. 1847. 3 livraisons in-8, avec planches prix de chacune 4 fr.

13. Géographie militaire de l'Europe. Par le colonel Rudtorffer. Première partie. Un volume grand- in-8, à deux colonnes petit texte. 10 fr.

14. Journal des opérations militaires et administratives des siége et blocus de Gênes, par le lieutenant-général baron Thiébault. Nouvelle édition. Ouvrage refait en son entier. Avec addition d'un second volume, comprenant un grand nombre de pièces, inédites, officielles et d'une haute importance. 2 vol. in-8°, illustrés d'une carte et de deux portraits. 1847. Prix : 16 f.

15. L'Algérie et l'opinion. In-8, 1847 3 fr. 50 c.

16. L'armée et le phalanstère, ou lettre d'un sabre inintelligent à une plume infaillible in-8° 1846. 2 fr. 50 c.

17 Les batteries à pied montées, mises en mesure de rivaliser avantageusement avec les batteries à cheval, par un capitaine de l'ancienne artillerie à cheval. In-8. 1846. 2 fr.

18. Lettre du chevalier Louis Cibrario, à Son Excellence le chevalier César de Saluces, sur l'artillerie du XIIIe au XVIIe siècle; traduite de l'italien et annotée par M. Terquem, professeur de sciences appliquées aux écoles de l'artillerie. In-8, 1847 2 fr. 50 c.

19. Mémoires militaires de Vauban et des ingénieurs Hüe de Caligny : précédés d'un avant-propos. Par M. Favé, capitaine d'artillerie. In-8 avec trois planches, 1846. 7 fr. 50 c.

20. Recueil des Bouches-à-feu les plus remarquables depuis l'origine de la poudre à canon jusqu'à ce jour, par le général d'artillerie Marion. — L'ouvrage sera divisé en trois parties ; la première partie sera composée des planches 1 à 80 (livraisons 1 à 20). La deuxième, des planches 81 à 100 (livraisons 21 à 25). La troisième, des planches 101 à 120 (livraisons 26 à 30). Cette publication se fera par livraisons successives de quatre planches, grand in-folio, accompagnées de deux feuilles in-4 de texte Prix de chaque livraison. 15 f. Trois livraisons sont en vente.

21. Règles pour la conduite des opérations d'un siége, déduites des expériences soigneusement faites ; ouvrage destiné à l'usage de l'école royale du génie de Chatham ; par C.-W. Pasley, directeur de cette école ; traduite de l'anglais par E. J. Première partie relative à la préparation des matériaux nécessaires au tracé et à l'exécution de la première et de la deuxième parallèle, et des approches qui s'y rattachent; deuxième édition. In-8 avec planches, 1847; première et deuxième parties. Prix de chacune : 4 fr.

22. Relation de la défense de Schweidnitz, commandée par le général feld-maréchal; lieutenant, comte de Guasco, et attaque par M. le lieutenant-général Tauenzen, depuis le 20 juillet jusqu'au 9 octobre 1762, jour de la capitulation, avec une notice de M. Favé, capitaine d'artillerie, auteur du *nouveau système de défense des places fortes etc.* avec plan. In-8. 1846. 4 fr.

23. Réponse à l'auteur de l'artillerie sur l'état-major-général de l'armée, par un officier supérieur en retraite. In-8, 1846. 1 fr. 25 c.

24. Traité de la défense des places fortes avec application à la place de Landau, rédigé en 1823, par Hüe de Caligny (Louis Roland), directeur-général des fortifications, des places et ports de haute et basse Normandie, commandant en chef du génie à l'armée de Bavière, etc. précédé d'un avant-propos par M. Favé, capitaine d'artillerie, avec plan ; ouvrage orné du portrait de l'auteur. In-8, 1846. 7 fr. 50 c.

25. Traité du dessin géométrique, ou exposition complète de l'art du dessin linéaire, de la construction des ombres et du lavis, à l'usage des industriels, des savants et de ceux qui veulent s'instruire sans le secours de maîtres, et *spécialement destiné pour* l'enseignement dans les écoles royales d'artillerie prussiennes. Deuxième édition complétement refondue et augmentée. Traduit de l'allemand par le docteur Régnier. 2 vol. in-4°, dont un de 30 planches. 1847. Prix : 25 f.

Paris. — Imprimerie de Lacour, rue Saint-Hyacinthe Saint-Michel, 33.

www.ingramcontent.com/pod-product-compliance
Lightning Source LLC
LaVergne TN
LVHW050454160826
845677LV00003B/777